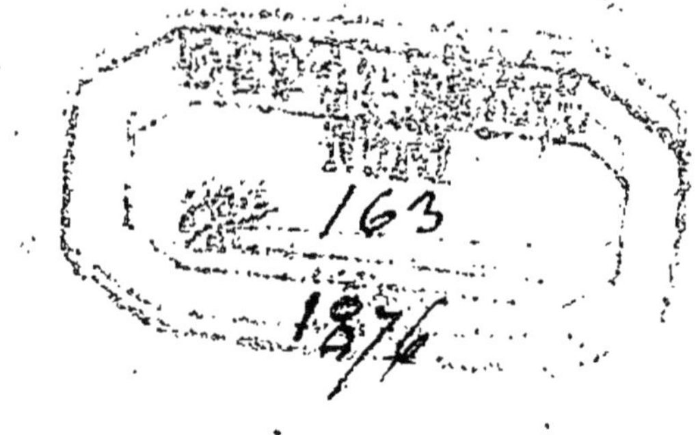

LE GRAIN DE SABLE

LE

GRAIN DE SABLE

ET

LES MINÉRAUX

Dieu n'est ni plus grand dans les grandes choses, ni plus petit dans les plus petites, dit saint Augustin.

LIBRAIRIE DE J. LEFORT

IMPRIMEUR ÉDITEUR

LILLE | PARIS

rue Ch. de Muyssart, 24 | rue des Saints-Pères, 30

LE GRAIN DE SABLE

I

Les œuvres de l'homme décèlent un artisan malhabile : tout ce qu'il fait se ressent des bornes de son industrie et de la grossièreté des instruments qu'il emploie. Un observateur nous dit que l'aiguille à coudre la plus fine que l'on puisse trouver, vue au microscope, ressemble à une barre de fer toute brute et sortant de la forge. L'aiguillon de l'abeille se montre, au contraire, du plus beau poli, et sa pointe en échappe à la vue. C'est que les plus petits ouvrages du Créateur sont parfaits....

Le grain de sable lui-même, cette parcelle d'une vile poussière que nous foulons sous nos pieds, renferme un monde d'une structure, d'une magnificence, d'une symétrie, d'un ordre au-dessus de tout ce que l'homme peut décrire et qui ne peut être bien connu que du Créateur lui-même.

Et ce grain de sable imperceptible, qui nous semble indifférent dans les œuvres de Dieu, ne l'est point cependant pour ce Dieu qui l'a créé.

« Un grain de poussière, nous dit un auteur, est pesé aussi rigoureusement dans le devis de la création que l'astre qui roule dans les cieux; il presse, il cède, il résiste, il influe sur ce qui l'entoure; il exerce, en raison de sa masse, tous les attributs qui appartiennent à la masse totale de la matière; la nature ne l'abandonnera pas plus au hasard que le globe de Jupiter ou de Saturne. En effet, supposez-le, ce grain, de plus ou de moins dans la somme totale des choses, tout s'en ressent, tout est changé, et l'univers cesse d'être ce qu'il est. »

Mais ce grain de poussière, que nous dédaignons de considérer parce que nous sommes arrêtés sur notre route par une foule d'objets qui nous charment davantage, savez-vous qu'il peut nous fournir à lui seul les plus profondes méditations? Des siècles de vie lui ont été donnés; et l'homme, créature intelligente, n'aurait-il reçu qu'une vie d'un jour?

Il occupe une place sous le regard de Dieu. Quelle place l'homme ne doit-il pas avoir sous les rayons de ce divin regard du Créateur?...

Ce grain de sable suffit pour arrêter les fureurs de la mer, lorsque le doigt de Dieu y écrit ces mots : *Vous n'irez pas plus loin.* Il suffirait seul aussi pour confondre l'athée, pour abattre son orgueil, comme autrefois le caillou de David suffit pour terrasser le géant des Philistins.

Et puis encore... ah! c'est bien ici qu'il faut admirer l'incommensurable immensité des merveilles de Dieu : n'avez-vous jamais pensé que, perdu sur notre globe, ce grain de sable est lui-même pour d'autres êtres un globe terrestre, un univers renfermant des vallons, des montagnes dont les sauvages escarpements font frémir le voyageur qui, du bas, les contemple; des forêts, des déserts, des grandes routes, des mines d'or, des fleuves et des mers poissonneuses. C'est le monde d'une infinité d'êtres divisés en nations, en monarchies, en républiques, ayant leurs besoins, leurs intérêts, leurs palais, leurs époques, leur chronologie, leur histoire.

Et ces millions de créatures dont la plupart des hommes soupçonnent à peine l'existence, parce qu'ils échappent à la vue, ont néanmoins une organisation aussi parfaite dans leur espèce, et sont aussi propres à remplir les diverses fins du Créateur que les grands animaux dont la terre est peuplée.

« A mesure que le microscope

s'est perfectionné, on a vu la vie poindre de toutes parts. Les moindres atomes sont devenus des mondes habités, et tous ces êtres imprévus ont des organes dont les moindres pièces sont à leurs masses totales dans les mêmes proportions que chez les animaux gigantesques.... C'est là un monde aussi réel que le nôtre, aussi ancien que le nôtre; un monde qui a peut-être au-dessous de lui d'autres mondes qui lui sont ce qu'il est pour nous. »

Si un seul grain de sable est peuplé de tels mondes, parcourons donc en esprit les rivages de nos mers et leurs vastes profondeurs, nos champs, nos montagnes, nos déserts; puis calculons, s'il nous est possible, le nombre des créatures et la prodigieuse étendue des merveilles que doit contenir ce magnifique temple de la création.

Ah! l'on ne peut se placer en contemplation des œuvres de la nature les plus inaperçues, les plus petites même en apparence, sans se sentir comme écrasé sous le poids de cette immensité du grand Etre, dont la puissance créatrice a jeté des mondes de merveilles, de vie et d'harmonie, jusque dans l'air que nous respirons, jusque dans la poussière que nous foulons sous nos pieds!... Pas un lieu dans cette vaste création dont nous ignorons cependant les bornes et l'étendue, pas une plante, pas une graine, pas une feuille, pas un point dans les airs, la terre, et jusque dans les abîmes perdus de la mer, qui ne serve de demeure à une multitude d'êtres vivants. De la fleur à l'étoile, de l'aigle au moucheron, du ciron à l'éléphant, du brin d'herbe au chêne superbe, du grain de sable inaperçu jusqu'au globe de feu qui nous éclaire, se trouve un nombre infini de créatures dont les espèces tellement liées se touchent même de si près qu'il nous serait difficile de les distinguer.

Quelle chaîne magnifique que cette chaîne universelle des êtres! Quelle vaste harmonie, quel immense concert de louanges pour celui qui entend tout, et l'hymne du séraphin, et le battement de cœur du plus imperceptible animalcule!

O mon Dieu! tous ces êtres célèbrent votre amour; l'homme

seul, la plus aimée de vos créatures, restera-t-il insensible, indifférent et sans voix?

Ah! Seigneur, vous entendez ma pensée aussi bien que la marche des astres, aussi bien que le remuement de l'insecte qui fait d'un grain de sable son univers: votre regard perce dans les replis de mon cœur comme il pénètre dans les profondeurs de l'Océan: ah! je vous le demande, mon Dieu, que jamais ce cœur, qui a été fait pour vous, n'ait une autre voix que celle de l'action de grâces et de l'amour; que toutes les pulsations de ma vie soient employées à vous glorifier, à vous bénir !...

II

Pour se procurer des demeures saines et commodes, l'homme a besoin d'une grande quantité de matériaux : mais si ces matériaux avaient été répandus sur la surface de la terre, elle en aurait été entièrement couverte ; il ne serait plus resté de place pour les animaux ni pour les plantes. Notre séjour se trouve heureusement débarrassé de tout cet attirail : sa surface est libre, et peut être cultivée et parcourue sans obstacles par ses habitants. Les métaux, les pierres, et cette infinité d'autres matières que nous mettons sans cesse en œuvre, renfermés sous nos pieds dans de vastes magasins, n'ont point été déposés vers le centre de la terre ou à une profondeur qui les rendît inaccessibles : tous ces matériaux furent rapprochés à dessein, et logés sous une voûte assez épaisse pour suffire à la nourriture de l'homme, assez mince cependant pour être percée au besoin, et pour lui permettre, quand il le veut, de descendre dans l'immense souterrain qui renferme les provisions sans nombre destinées à son usage.

Toutes les substances du règne minéral peuvent être rangées sous différentes classes qui ont des caractères très-distincts. Ces classes diverses se forment des terres, des pierres, des sels, des bitumes, des pyrites, des demi-métaux et des métaux.

Les chimistes modernes ont fixé à cinq espèces le nombre des matières terreuses, savoir : la terre vitrifiable, l'argile dure, la chaux, la terre pesante et la magnésie. La terre *végétale*, remplie encore de parties visibles de plantes, contient ordinairement les substances interverties par une putréfaction lente. Cette première terre, un peu dépouillée de ce qui la colorait, moins onctueuse, et dont les parties végétales se trouvent plus détruites s'appelle *terre franche*. Purifiée davantage par l'eau, peut-être est-elle celle qui prend le nom d'*argile*, de *glaise* ou d'*alumine*, laquelle se reconnaît à la propriété qu'elle a de se durcir au feu, et d'acquérir une solidité comparable à celle des pierres quartzeuses, ce qui la rend susceptible, comme elles, de faire feu avec le briquet. La *chaux* s'obtient par la calcination des pierres calcaires, reconnaissables à l'effervescence qu'elles font avec les acides, et la propriété, que leur donne la calcination, d'attirer violemment l'eau, et de faire avec elle une pâte molle, connue sous le nom de chaux éteinte. La *terre vitrifiable*, ou la *silice*, est solide, et se reconnaît à ce qu'elle fait feu avec l'acier lorsqu'elle est en masses assez grosses. La terre pesante, qui n'existe jamais pure dans la nature, se retire du spath pesant, comme la *magnésie* se tire du sel d'epsom, et de certaines substances terreuses telles que la serpentine. Ces cinq terres sont, jusqu'à présent, des êtres simples, puisque la chimie ne les a point encore décomposées ni réformées : il est cependant très-vraisemblable qu'elles résultent de plusieurs principes unis ensemble et qu'on pourra parvenir à les analyser. Au reste, s'il est une terre élémentaire, sans doute qu'en se combinant d'une infinité de manières dans les substances organisées, elle revêt ainsi de nouvelles apparences qui la déguisent plus ou moins, mais sans altérer sa nature. La terre qui constitue le cristal de roche est regardée comme une des plus pures; c'est peut-être celle qui approche le plus de la terre primitive.

III

La plupart des subtances *terreuses* s'amollissent dans l'eau, s'y gonflent, s'y divisent; elles se mêlent à cet élément sans s'y dissoudre. Les *pierres* ont leur parties plus liées, plus adhérentes ; elles sont durcies et combinées de manière qu'elles peuvent être plongées dans l'eau sans s'y amollir ni s'y diviser. Telle est l'idée qu'on peut se former des pierres, pour les distinguer de la simple terre qui les constitue.

Les pierres, n'étant proprement que des terres en masses, peuvent se diviser, comme elles, en vitrifiables, calcaires, argileuses, etc.

De toutes les substances pierreuses, les plus dures et les plus pesantes sont les pierres vitrifiables; elles rendent de la lumière par leur frottement réciproque, et font feu sur l'acier. Ici, les pierres précieuses tiennent le premier rang. Le diamant, qui paraît à leur tête, quoique la plus pure, la plus diaphane et la plus dure de toutes, n'est pourtant pas celle qui résiste le plus à l'action du feu. Exposé à une haute température, et avec le concours de l'air, il se détruit, brûle et disparaît. Aussi doit-on regarder le diamant, dont on ignore encore absolument la composition, moins comme une pierre que comme un corps combustible et différent de tous les autres corps de ce genre.

Le rubis, la topaze, l'hyacinthe, le saphir, le grenat, etc., sont d'autres pierres précieuses, différemment colorées, et qui approchent plus ou moins du diamant par leur dureté. Le cristal de roche, dont on trouve des masses du poids de plusieurs quintaux, est la plus commune et, en même temps, la moins dure de toutes celles de ce genre. Il affecte ordinairement la figure d'une pyramide à six côtés : le vrai diamant présente une figure à huit côtés égaux. C'est par le mélange des matières métalliques ou minérales avec la substance qui se cristallise que la nature pare les pierres précieuses des plus riches couleurs.

Parmi les pierres vitrifiables communes, on compte le caillou, le grès, le jaspe, l'agate, le quartz, le porphyre, etc. Le granit, cette pierre si généralement répandue en grandes masses sur notre globe, et dont les montagnes primitives sont principalement formées, appartient encore à la classe des pierres vitrifiables, et doit être placé au nombre des plus dures ou de celles qui résistent le mieux à l'injure des temps.

Les pierres calcaires, moins pesantes et moins dures que les pierres vitrifiables, se laissent pénétrer par l'eau et dissoudre par les acides, avec lesquels on les voit faire effervescence ; elles sont susceptibles de cristallisation comme les premières. Le beau marbre se montre à leur tête, et en est regardé comme la plus pure et la plus homogène. La pierre à chaux, proprement dite, certains spaths, l'albâtre, les stalactites ou stalagmites, etc., sont différents genres de la même classe.

Les ardoises, les schistes, les tales, etc., sont des pierres argileuses : on fait de la première un grand usage pour couvrir les bâtiments.

Qui pourrait méconnaître, dans les objets que nous venons de parcourir, la bienfaisance prévoyante du Dieu qui nous créa? Il a mis l'homme sur la terre, non pour habiter les antres et les cavernes, comme les ours ; mais il a placé sous sa main tous les matériaux avec lesquels il élève ces demeures élégantes et commodes qui annoncent le maître de la terre. Quelques-unes des pierres destinées à nos édifices ont encore la propriété de former le ciment qui les unit et qui leur donne la solidité dont ils ont besoin. Avec d'autres, l'homme forme les glaces, ces surfaces lisses et transparentes qui doublent, en quelque sorte, les objets, en les représentant avec tous leurs traits, ou qui le mettent à l'abri des froidures, sans lui dérober la lumière du jour. Les plus belles pierres ornent le front des rois et ajoutent aux charmes de la beauté. Ainsi, jusqu'à ces souterrains où il n'est pas donné aux rayons du soleil de pénétrer, tout recèle des preuves de la magnificence et de la bonté du Créateur.

IV

Nous ne quitterons point ce qui concerne les substances métalliques, sans nous entretenir de la plus singulière et en même temps de la plus incompréhensible de toutes : *l'aimant*, qui, comme un génie tutélaire, guide les navigateurs au fond des mers, et les éclaire sur la route qu'ils doivent tenir, quand toutes les autres lumières les abandonnent. Cette espèce de mine de fer, dure, pesante, de couleur obscure et ordinairement grise, présente à nos observations cinq propriétés principales, source d'une multitude de phénomènes, tous plus intéressants les uns que les autres.

L'aimant *attire* un autre aimant; il attire et s'attache un morceau de fer. Mais cette vertu n'est pas également répandue dans toute la substance de cette pierre, elle réside principalement dans deux de ses points, qu'on appelle les *pôles*.

Cette attraction, l'aimant la *communique* et la transmet au fer qu'il touche, sans rien perdre de sa propriété attractive. Ainsi un morceau de fer aimanté peut être considéré comme un véritable aimant et s'appliquer aux mêmes expériences. Ces deux premières propriétés de l'aimant étaient connues de l'antiquité.

Libre et suspendu par un fil, l'aimant affecte constamment de *diriger* un de ses pôles, et toujours le même, vers le nord, et l'autre vers le sud. Cette direction, qui souffre cependant quelques variations, dont nous parlerons bientôt, a fait donner au pôle qui se tourne vers le nord le nom de *pôle boréal* ou *septentrional*; et à celui qui se trouve vers le sud, le nom de *pôle austral* ou *méridional*. Une si précieuse découverte, qui ne date que du treizième ou du quatorzième siècle, amena celle de l'aiguille aimantée où la boussole, instrument qui ouvrit le vaste sein des mers aux navigateurs et aux commerçants, nouvelle preuve que des choses qui paraissent d'abord peu importantes peuvent devenir extrêmement utiles au monde entier, et qu'en général, la connaissance et l'étude des œuvres de Dieu sont infiniment avantageuses à l'esprit humain.

Ces vertus de l'aimant excitèrent les physiciens à l'examiner de plus en plus, tant afin de pénétrer la cause de ces effets surprenants que pour y découvrir de nouvelles propriétés. Plus heureux à ce dernier égard qu'au premier, ils trouvèrent que les pôles de l'aimant ne se dirigeaient pas constamment vers les points du nord et du midi, et que cette ligne de direction déclinait tantôt vers l'orient, et tantôt vers l'occident, sous un plus grand ou un plus petit angle. C'est la *déclinaison* de l'aimant.

De plus, en se dirigeant vers le nord et vers le midi, ces pôles de l'aimant ont une *inclinaison* qui fait que, sous l'équateur, l'aiguille s'établit à peu près dans le plan de l'horizon, qui atteint les deux pôles du ciel. Mais, à mesure que l'on avance vers l'un ou l'autre de ces points, elle s'abaisse de plus en plus au-dessus de celui dont on s'éloigne, affectant de se tenir toujours à peu près dans le plan de l'horizon.

On a remarqué que la vertu attractive de l'aimant agissait aussi fortement lorsqu'on interposait entre lui et le fer quelque corps qui semblait devoir mettre obstacle à cet effet. Tous les métaux, à l'exception du fer, le bois, le verre, le feu, l'eau, et même l'homme et les animaux, donnent passage à l'activité de l'aimant et ne l'empêchent point d'agir sensiblement sur le fer. On découvrit aussi que, dans deux aimants, le pôle boréal de l'un attire le pôle austral de l'autre et repousse son pôle boréal, tandis que le pôle boréal du second est attiré par le pôle austral du premier, qui repousse constamment le pôle austral du second, c'est-à-dire que les deux pôles du même nom se repoussent et semblent se fuir.

Comme le fer attire l'aimant

aussi fortement qu'il en est attiré, il s'ensuit que la vertu attractive réside dans tous les deux. En effet, suspendez un aimant à l'une des extrémités d'un fléau d'une balance, et un poids semblable à celui de l'aimant à l'autre extrémité : lorsque l'aimant sera en équilibre et en repos, présentez-lui par-dessous un morceau de fer, vous le verrez descendre et faire monter le poids opposé. La même chose arrivera si l'on suspend le fer à la place de l'aimant : en mettant celui-ci sous le fer, le métal sera attiré par l'aimant.

Tous les efforts, toute la sagacité des philosophes pour découvrir la cause des phénomènes que nous venons d'indiquer, ont été jusqu'ici inutiles : l'aimant est encore un mystère pour l'esprit humain. Et nous serions surpris que, dans la religion, qui est infiniment élevée au-dessus des sens, il se trouve des mystères impénétrables et dont la parfaite connaissance soit réservée à une économie future !

Quoi ! dans les choses que nous voyons de nos yeux, que nous touchons de nos mains, il se rencontre une multitude d'objets qui obligent les savants les plus distingués à confesser leur ignorance et la faiblesse de leurs lumières, et nous prêterions l'oreille à des hommes qui ont la témérité de révoquer en doute et même de nier tout ce qu'ils ne peuvent comprendre dans la religion, dont toutefois les preuves sont si frappantes, si bien liées, si fort au-dessus de toutes les objections ! S'il suffit de nier ce que nous ne concevons pas, disons donc aussi que l'aimant n'attire point le fer, qu'il ne se dirige point vers le nord, etc., puisque nous ne saurions ni expliquer ni comprendre ces phénomènes.

Quand il est question des choses naturelles, on peut dire à ces sortes de pyrrhoniens : Venez et voyez. Mais les mystères de la religion ne se voient pas des yeux du corps, l'esprit seul peut y atteindre par la foi; appuyé sur la parole de Dieu qui ne peut le tromper, il les croit ici-bas sans hésiter; il les croit, comme l'ont fait, d'après cette autorité si bien confirmée par une suite admirable de preuves qui se soutiennent toutes les unes les autres, nos vrais philosophes et nos plus grands génies, les Descartes, les Newton, les Leibnitz, les Bacon, les Euler, les Wolf, etc., et il ne se flatte de les comprendre parfaitement qu'au grand jour de l'éternité.

Attends donc, ô chrétien, attends ce vil éclat de lumière, et si tu trouves dans la nature, et dans la religion des choses inexplicables, souviens-toi que l'état actuel de ton âme et de ton corps te rend incapable de les voir en elles-mêmes et de les approfondir : la chaîne des vérités qui les lie est trop au-dessus de ta portée. Souviens-toi qu'une partie de la félicité du monde à venir consistera dans une connaissance plus grande et plus complète de tout ce qui pourra contribuer à perfectionner notre bonheur et à manifester les glorieux attributs de l'Etre des êtres. Là, au sein de la lumière, tu auras une vue claire et distincte de tout ce qui maintenant est pour toi environné des nuages ; là tu ne découvriras qu'une sagesse profonde dans ce qui te semblait ou obscur ou défectueux ici-bas; là, enfin, ton âme, pénétrée de joie et de reconnaissance, saisira tout l'ensemble, tous les rapports, toute la merveilleuse harmonie des œuvres du Seigneur.

V

On trouve assez fréquemment dans les entrailles de la terre, à différentes profondeurs, quelquefois même au sein des montagnes de roches et de marbre, des végétaux, des coquillages, des ossements d'animaux, qui semblent convertis en la nature des pierres en conservant leur forme primitive : c'est ce qu'on nomme *pétrifications;* espèces de médailles, dont l'explication peut répandre beaucoup de jour sur l'histoire naturelle. Il ne faut pas confondre les pétrifications avec les *incrustations:* celles-ci se bornent à envelopper d'une couche pierreuse la substance animale ou végétale; celles-là pénètrent cette substance dans toutes ses parties, la dénaturent, et paraissent la changer en une véritable substance pierreuse.

Parmi les animaux et les végétaux qui ont été ensevelis dans des sucs pierreux, les uns n'ont en quelque sorte laissé qu'une image d'eux-mêmes. Couverts de toutes parts d'une argile molle, ils s'y sont corrompus et dissous, tandis que l'argile s'est durci, pétrifié, en formant une cavité qui représente distinctement le corps qui y était contenu : c'est ce que l'on nomme *empreinte.* Ces objets présentent aux yeux de l'observateur : des hommes, des oiseaux, des poissons, des amphibies, des quadrupèdes terrestres, et une multitude de végétaux différents.

D'autres corps semblent réellement *pétrifiés* ou convertis en pierres. Mais nous ne connaissons que fort imparfaitement la manière dont la nature opère ces pétrifications. D'abord il est certain qu'aucun corps ne peut se pétrifier à l'air libre : les animaux et les végétaux se consument ou se pourrissent dans cet élément. Une terre aride et sans humidité n'a pas non plus de vertu pétrifiante. Quant aux eaux courantes, elles peuvent incruster certains corps, mais non les changer en pierre :

leur cours même s'y oppose. Il est vraisemblable qu'il faut pour les pétrifications une terre humide et molle, mêlée à des particules pierreuses et dissoutes. Dans un végétal, et dans les parties dures et solides d'un animal, il y a des vides à travers lesquels se sont insinués et durcis les sucs pierreux, à mesure que les sucs animaux et végétaux s'échappaient par la même voie. Ce corps, après la dissipation de tous ses sucs, n'aura plus conservé de sa nature primitive que ses filaments les plus indestructibles, qui, à la longue, se seront peut-être eux-mêmes détruits et corrompus : d'où il suit qu'il n'y a point de pétrification proprement dite, ou de changement des substances organiques en pierres.

Tous les corps ensevelis dans la terre ne se pétrifient pas. Pour que ce changement arrive, il faut que le corps soit de nature à se conserver longtemps sous terre sans se corrompre; qu'il soit à couvert de l'air et de l'eau courante, qu'il soit garanti d'exhalaisons corrosives et de dissolvants destructeurs; enfin, qu'il soit placé dans un lieu où se rencontrent des liquides chargés de molécules qui, sans détruire ce corps, le pénètrent et s'unissent intimement à lui à mesure que ses parties se dissipent par l'évaporation : circonstances qui ne se rencontrent toutes ensemble que très-difficilement dans la nature.

Il est fort rare de trouver des hommes pétrifiés : les pétrifications d'animaux quadrupèdes sont également assez peu communes. La plupart des squelettes extraordinaires que l'on rencontre dans la terre sont des squelettes d'éléphants; on en voit même en divers endroits de l'Allemagne. Les pétrifications d'animaux aquatiques se trouvent fréquemment: il est des poissons entiers dont on distingue jusqu'aux moindres écailles. Mais tout cela n'est rien, en comparaison de cette multitude de coquillages convertis en pierres qu'on trouve dans le sein de la terre. Non-seulement le nombre en est prodigieux, mais il y en a tant d'espèces différentes, que les animaux vivants de quelques-uns d'entre eux sont encore inconnus. Les corps marins pétrifiés se trouvent en grande abondance dans tous le pays : on en voit sur le sommet des montagnes, à différentes profondeurs de la terre. On rencontre aussi, dans ces différents lits, toutes sortes de plantes ou de parties de plantes pétrifiées ; souvent on n'en voit que les empreintes : ici, ce sont quelquefois des arbres entiers, ensevelis plus ou moins avant et convertis en pierres.

Mais comment toutes ces substances se rencontrent-elles dans la terre, et surtout comment est-il possible qu'il s'en trouve sur des montagnes assez élevées? comment des animaux qui vivent ordinairement dans la mer ont-ils été transportés si loin de leur séjour naturel?... Nouvelle preuve que l'eau a couvert autrefois la totalité du globe. En effet, dans tous les lieux où l'on fouille, depuis le sommet des montagnes jusqu'à de grandes profondeurs, on découvre toutes sortes de productions marines : médailles incontestables et toujours subsistantes du déluge, la plus terrible révolution qu'ait essuyée la terre.

Quand les pétrifications n'auraient d'autre utilité que de répandre beaucoup le jour sur l'histoire naturelle de notre globe, elles méritaient par cela seul notre attention. Mais elles sont aussi pour nous des preuves des opérations secrètes de la nature, et de cette sagesse que nous avons admirée dans toutes les parties du règne minéral. Le coup d'œil que nous avons jeté sur les principaux phénomènes qu'ils nous présentent, a dû nous convaincre qu'aucune occupation n'a plus de charmes et ne donne des plaisirs plus diversifiés que la contemplation de la nature. Nous serions des siècles sur la terre, et nous emploierions chaque jour, chaque heure même à étudier uniquement les phénomènes et les singularités du règne minéral, qu'il resterait encore une infinite de choses que nous ne pourrions expliquer, qui demeureraient cachées pour nous et qui exciteraient de plus en plus notre curiosité. Puisque la durée de notre vie réfléchissante ne s'étend guère au delà d'un demi-siècle, consacrons au moins ce court espace, autant que nos devoirs nous le permettent, à observer la nature et à procurer à notre esprit des plaisirs innocents et durables. Ces doux et ravissants plaisirs augmenteront à mesure que nous méditerons sur les vues que Dieu s'est proposées dans ses ouvrages. Les productions de l'art humain ne peuvent soutenir aucune comparaison avec eux. Elles ne parviennent pas toujours à nous procurer le bien-être, elles ne nous rendent point meilleurs, et souvent elles ne sont que l'objet d'une admiration stérile. Les œuvres de la nature ont pour fin le bonheur du monde :

elles existent non-seulement pour servir de spectacle à l'homme, mais pour lui procurer des jouissances, et toutes sans exception publient la bonté de Dieu et la sagesse de ses desseins.

VI

En nous résumant, reconnaissons que les différentes espèces de terre servent à la variété des productions auxquelles nous devons notre subsistance et aux différents usages de notre vie. Les unes nous procurent la brique, la chaux, le plâtre; d'autres servent à construire la cabane du pauvre et les somptueux palais des rois; il en est aussi qui s'emploient dans les ouvrages de poterie; il en est encore dont on se sert dans la teinture et dans la médecine.

Quant aux métaux, leurs usages sont innombrables. Qu'on pense seulement aux ustensiles, aux meubles de toute espèce qui nous fournissent tant de commodités et d'agréments; qu'on parcoure, s'il est possible, par la pensée, cette multitude d'instruments dont se servent nos ouvriers et nos artistes, et l'on verra quels trésors l'homme foule sans cesse sous ses pieds, trop souvent sans y songer.

Les sels relèvent la saveur de nos aliments et les préservent de la corruption.

Ces volcans mêmes et ces tremblements qui nous offraient, à si juste titre, tous les avantages dont nous avons parlé, nous sont utiles et même nécessaires en mille autres occasions. Si le feu ne consumait pas certaines exhalaisons, elles se répandraient dans l'air en trop grande quantité et le rendraient malsain; plusieurs bains chauds n'existeraient point ; divers métaux, peut-être divers minéraux, ne seraient pas produits.

S'il se trouve tant de choses dont nous ne découvrons pas l'unité, c'est à notre seule ignorance que nous devons nous en prendre. A la vue des phénomènes de la nature qui sont quelquefois nuisibles, rappelons-nous qu'ils contribuent à la plus grande perfection du tout. Pour juger des œuvres du Seigneur, et pour en connaître la sagesse, il ne faut pas les envisager sous une seule face;

il faut considérer toutes les parties, tout l'ensemble.

Bien des choses que nous croyons nuisibles n'en sont pas moins d'une utilité incontestable; et quelques-unes nous paraissent superflues, qui, si elles venaient à manquer, laisseraient un vide immense dans l'empire de la création. Combien d'autres ne sont méprisables à nos yeux que parce que nous n'en connaissons pas le véritable usage! Mettez un aimant entre les mains d'un homme qui en ignore les propriétés, à peine daignera-t-il l'honorer d'un regard. Mais dites-lui qu'on doit à cette pierre les progrès de la navigation, la découverte du nouveau monde, il réformera bientôt son premier jugement. Il en est de même d'une multitude de phénomènes que nous offrira l'examen de la nature: le vulgaire les méprise ou les juge mal, parce qu'il n'en sait pas la destination, et qu'il n'aperçoit point leurs rapports avec la totalité des êtres. Gardons-nous d'augmenter le nombre de ces insensés qui calomnient la Providence au moment même où ils jouissent de ses bienfaits : il ne lui faudrait, peut-être, que se conformer à leurs vues si étroites et si peu réfléchies pour les faire rentrer dans le plus horrible chaos.

— Lille. Typ. J. Lefort. 1876 —

www.ingramcontent.com/pod-product-compliance
Ingram Content Group UK Ltd.
Pitfield, Milton Keynes, MK11 3LW, UK
UKHW020328220726
13923UKWH00003B/1434

9 782016 128633